我们买的物品

[英] 乔治亚・阿姆森－布拉德肖　著
罗英华　译

・桂林・

WOMEN MAI DE WUPIN

出版统筹：汤文辉　　美术编辑：卜翠红
品牌总监：耿　磊　　版权联络：郭晓晨 张立飞
选题策划：耿　磊　　营销编辑：钟小文
责任编辑：戚　浩　　责任技编：王增元 郭　鹏
助理编辑：王丽杰

Picture acknowledgements:
4t bondgrunge, 4b tele52, 5t Artisticco, 5c Anna Frajtova, 5b RTimages, 6l StockSmartStart, 6r petovarga, 7t Pix One, 7c Rich Carey, 7b lenina11only, 8c Climber 1959, 8t Zhenyakot, 8b Rocket, 9t Aun Photographer, 9c Michele Paccione, 9b LuckyVector, 10t Han Aji, 10c Chinchilla16, 10b GoodStudio, 11t matrioshka, 11c Julio Yeste, 11b Dmitry Kalinovsky, 12t gomolach, 12bl mei yanotai, 12br Samot, 13t sirtravelalot, 13c Aleutie, 14t Andrew Rybalko, 15b Audiowawe, 16t Viktoria Kazakova, 16c FashionStock.com. 16b Elopaint, 17b CRS PHOTO, 18c Natalia Kuzmina, 18b Dmitry Yakolev, 19b los_ojos_pardos, 20c Andrix Tkacenko, 20br Tatiana Gulyaeva, 20bl Strike Pattern, 21t Pretty Vector, 24t People Image Studio, 24c Rocket, 24b Rich Carey, 25t Dawena Moore, 25c naulicreative, 25b Andrew Rybalko, 26t Li Chaoshu, 26b Li Chaoshu, 27t simonkr, 27c Rocket, 27b Ekaterina Pankina, 28cl Man As Thep, 28cr brown32, 28b Golden Sikorka, 29tr Abscent, 32t gst, 32c Mikadun, 32b petovarga, 33c Peter Essick, 33b Rvector, 34t Golden Sikorka, 34b Vlad Teodor, 35t matrioshka, 35c kao, 35b petovarga, 36t petovarga, 36cl macrovector, 36cr gaynor, 37bl Rvector, 38t macrovector, 37cr petovarga, 37cl BSVIT, 40t gradyreese, 40b patineegvector, 41cr Rocket, 41b ImYanis, 42t ProStcokStudio. 42c Graf Vishenka, 42b Sky Pics Studio, 43b Sabelskaya, 44 Rocket, 45 petovarga, 45 macrovector, 45 gaynor, 45 Rvector, 45 macrovector, 45 petovarga, 45 BSVIT, 46t Ilya Bolotov, 46c Gabriel12, 46b sirtravelalot

Illustrations on pages 30, 31 and 39 by Steve Evans.

All design elements from Shutterstock.

图书在版编目（CIP）数据

我们买的物品 /（英）乔治亚 • 阿姆森-布拉德肖著；罗英华译．—桂林：广西师范大学出版社，2021.3
（生态 STEAM 家庭趣味实验课）
书名原文：The Stuff We Buy
ISBN 978-7-5598-3546-8

Ⅰ. ①我… Ⅱ. ①乔… ②罗… Ⅲ. ①生活—知识—青少年读物 Ⅳ. ①TS976.3-49

中国版本图书馆 CIP 数据核字（2021）第 006960 号

请在成年人
指导下上网。

广西师范大学出版社出版发行
（广西桂林市五里店路 9 号　邮政编码：541004
网址：http://www.bbtpress.com）
出版人：黄轩庄
全国新华书店经销
北京博海升彩色印刷有限公司印刷
（北京市通州区中关村科技园通州园金桥科技产业基地环宇路 6 号　邮政编码：100076）
开本：889 mm × 1 120 mm　1/16
印张：3.5　　字数：81 千字
2021 年 3 月第 1 版　　2021 年 3 月第 1 次印刷
审图号：GS（2020）3672 号
定价：68. 00 元

contents
目录

材料的世界

环顾四周，除非你正在森林里赤身裸体地读这本书，否则你肯定被各种人类制造的物品包围着。这些物品是由我们从自然界中收获或加工而来的各种材料制成的。也许，在到达你手里之前，这些物品都经历了长途运输。

原材料

我们现在拥有的各种物品都是用各种不同的原材料加工制成的。如塑料制品中的塑料，大部分是石油等化石原料中提炼出的副产品经过加工形成的。又如金属制品中的金属，通常来自岩层中的各种矿石。而天然橡胶、棉布和纸张，则来自不同的植物。当前，人类依赖的一些资源是可再生的（这意味着我们在未来还可以继续制造出很多相关的物品），但有一些被广泛使用的原材料则来自不可再生资源。

金属矿石是通过开采岩石获得的

对原材料的需求

1970 年以来，由于越来越多的商品开始在世界各地进行制造和销售，人类对自然资源的需求量激增了 2 倍之多。然而，尽管货物贸易不断增加，但能为我们提供原材料的自然界却并没有变大。即使是来源于植物的可再生原材料，也需要更多的土地生长，而人类无法凭空造出更多的土地。这意味着不断增长的需求是不可能获得持续供给的。

预计到 2030 年，海运货物的集装箱数量将增加 4 倍。

消费

我们对原材料的需求是受消费驱动的。消费，意味着购买和使用商品。像牙刷和内衣这样的东西是我们不得不购买的，是生活必需品。但是，其他的一些东西，比如，一台用来替代功能依旧齐全、只是尺寸略小的电视机的大电视机，就不是生活必需品了。

关注点：消费主义

当你购买和使用某个物品时，你就是一个消费者。而消费主义的核心是一种认为不断购买新的物品是一件好事的观念。人们在这种观念的驱动下会做出种种消费行为。

为何要买

人们不断购买新物品的原因有很多。有时候，他们需要用新物品替代之前坏掉的物品。但是很多情况下，人们购买新物品并不是因为他们真的需要，而仅仅是因为他们想要。也许只是因为他们不想成为群体中唯一一个没有新潮服装或新款智能手机的人。拥有新物品会让人感觉良好。

春季新品

我们被各种宣传新物品的精彩广告包围着

制造物品，制造垃圾

当你不再需要某件物品的时候，它的命运将会如何？通常情况下，它会被你直接丢进垃圾桶，然后被送往垃圾填埋场，倒进一个堆满垃圾的大坑当中。最好的情况是这件物品被回收。但是，由于很多东西是不可回收的，所以，即便是很完善的废品回收系统，也无法做到将废品 100% 回收再利用。

91% **的塑料制品没有被回收。**

线性系统

目前，我们采用线性系统来制造、使用和处理物品，也就是说，遵循一系列步骤。

1. 获取。也就是砍伐树木或者将矿石等原材料从地下开采出来。

2. 制造。原材料经过加工后被称为“产品”，变成人们需要购买和使用的物品。

3. 分销。在这个步骤中，产品被运送到世界各地的商店。

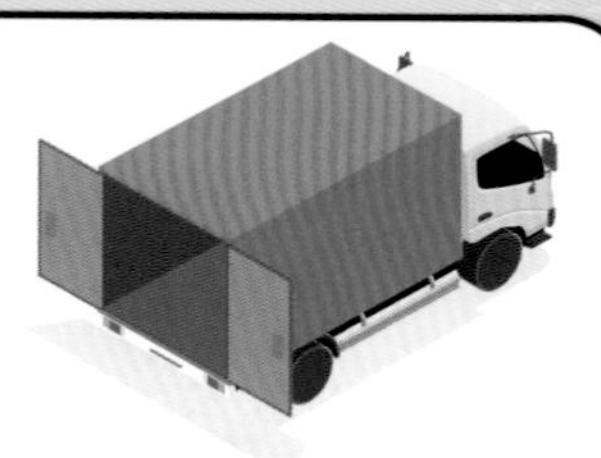

4. 消费。消费者购买和使用产品。

5. 处理。使用过的产品被丢弃。

系统性问题

线性系统之所以能够形成，主要基于两个基本的观念：第一，永远会有可以利用的原材料；第二，永远会有地方容纳我们不想要的东西。但我们越来越明显地发现，事实并非如此。

石油被用来制造燃料、塑料和各种化学品，甚至还有药品。但石油是一种不可再生资源，所以在线性系统中，总有一天它会被耗尽

一次性世界

在过去的几十年中，人类制造和销售了大量的一次性产品，比如，塑料饮料瓶、食品袋、咖啡杯，因为这些产品很少被回收，它们就成了污染物。每年最终有超过 800 万吨的垃圾进入了海洋。

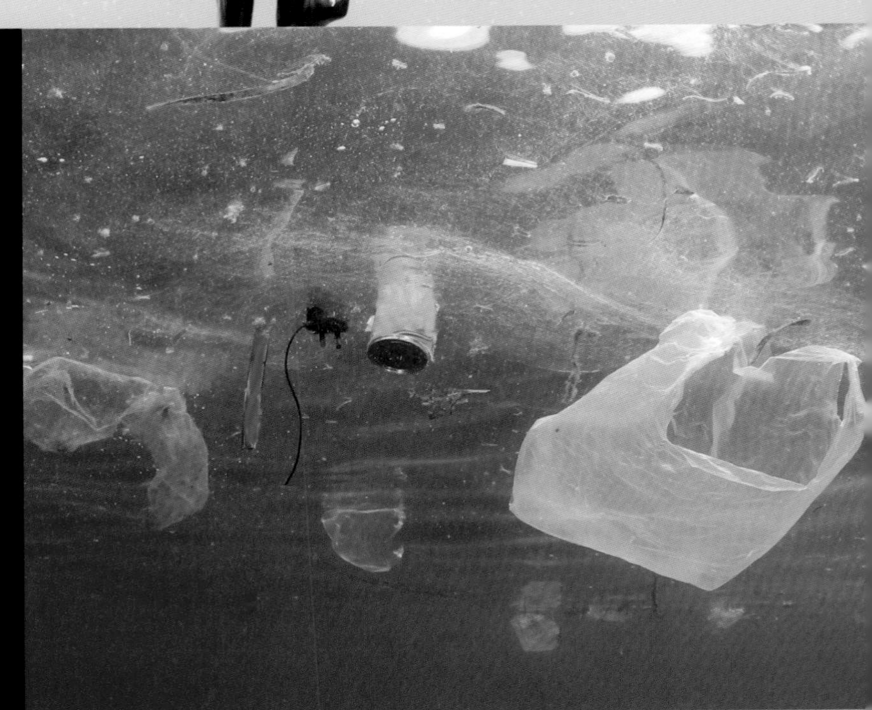

大量的浪费

在开采原材料以及生产和加工的阶段，会产生大量废物，造成严重的浪费。为了获得某种物品，比如，从矿石中提炼纯金属，我们需要将一种原材料与其他原材料分开，因为技术条件、产品需求等原因，那些被抛弃的原材料无法进行再次利用。

从矿石中提炼金属后产生的废物

东西太多

大多数人都拥有很多东西。在美国，平均每个家庭拥有 30 万件不同的物品。尽管在过去 50 年中，美国家庭的平均房屋面积增加了 2 倍，但越来越多的人还是会租用其他的储物空间存放多余的东西。制造“多余”的物品，对环境造成了很大的影响。

拥有 238 件玩具，但他们实际上只会玩其中的 12 件。

能源使用

将塑料、木材和金属等材料加工成物品需要耗费大量的能源，其中大部分能源是通过燃烧化石燃料产生的。燃烧化石燃料会释放大量的二氧化碳等气体。这些气体又被称为“温室气体”，会将太阳热量积蓄在大气层中，引起气候变化，扰乱世界各地的天气模式。

这家工厂将木头加工成硬纸板

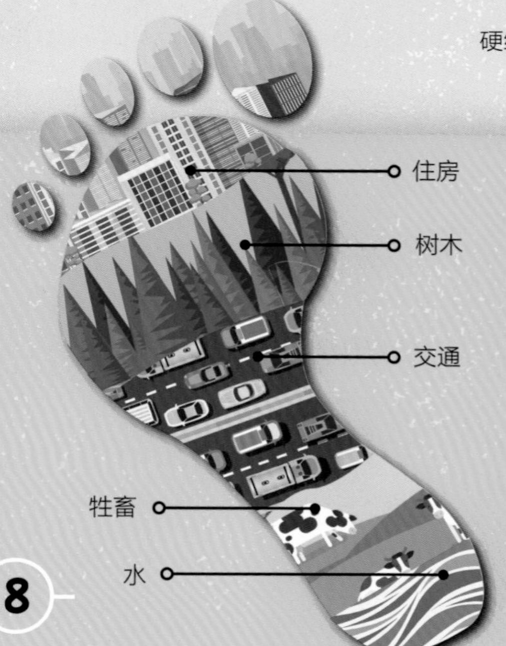

关注点：

生态足迹

生态足迹描述了供你生活所需的所有资源的数量，这些资源包括土地和水。生态足迹会对你的生活方式做出统计，例如，你的生活方式产生了多少污染物和温室气体等。

运输物品

物品被制造出来后还需要运到消费者手中。世界上大约 90% 的货物是利用大型货船漂洋过海进行运输的。货船使用的是化石燃料，会产生大量的温室气体。仅仅是货船产生的温室气体，就占了全世界温室气体排放量的 2% 以上。

每年有 35 亿吨货物会经过欧洲的 1200 个海港

消费密集型生活

消费节俭型生活

资源使用差距

很多国家的人过着消费密集型生活，但有一些国家的人却过着消费节俭型生活。前者消耗的资源是后者的 10 倍之多。这意味着两件事：第一，我们正在以一种不可持续的方式消耗着世界上的各种资源；第二，这些资源的使用并不公平。

如果世界上每个人都过消费密集型生活，要五个地球才能满足我们的需求。

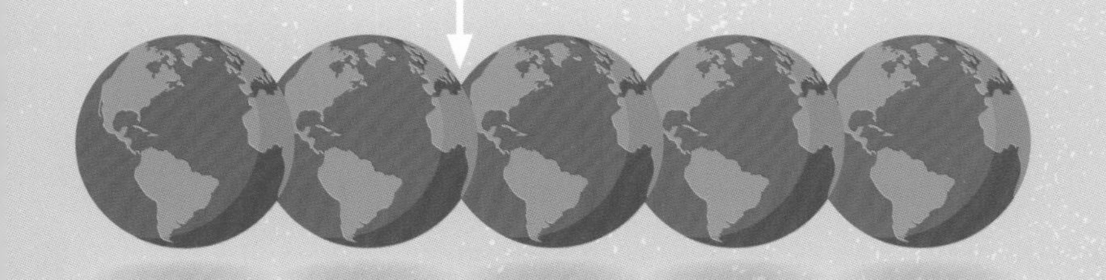

如果世界上每个人都过消费节俭型生活，一个比现在的地球小 10% 的地球就能满足我们的需求。

物品的制造

如果世界上没有非常快速、成本低廉的生产技术，那么人们今天的高消费水平就很难达到。大多数的玩具和玩偶、家里使用的家具和电器，以及我们身上穿的衣服，都是批量生产的。这与过去传统的生产方式有着巨大的差异。

手工制作

在过去，玩具、衣服、车辆……生活中的大多数物品都是由工匠或者家庭作坊通过手工劳动生产的，一次只能生产一个。比如，衬衫要么是由家庭成员手工缝制的，要么是由裁缝手工缝制的。又如马车，也是由木匠手工制作出来的。

个人定制

与今天批量生产相比，手工制作会消耗很多时间，即便是制作最简易的物品，成本也会很高。在过去，并不存在陈列着琳琅满目的商品等待人们前去购买的商店，正相反，是工匠们坐在自己的手工作坊里，等待着顾客来定制。

中世纪木匠的工具

在都铎王朝时代，仆人穿的一件普通衣服，如果用现代标准去衡量其价值，可能高达 800 英镑。这是因为从面料的纺织到成衣的缝制，每一步都是手工完成的。

关注点：

劳动分工

在制作物品的过程中，不同的任务可以分配给不同的人去完成。比如，在做鞋子的时候，可以让一个人专门做鞋底，而另一个人负责缝合鞋面。这就是“劳动分工”，它不仅能在小范围内进行应用，也适合组织大规模的生产。

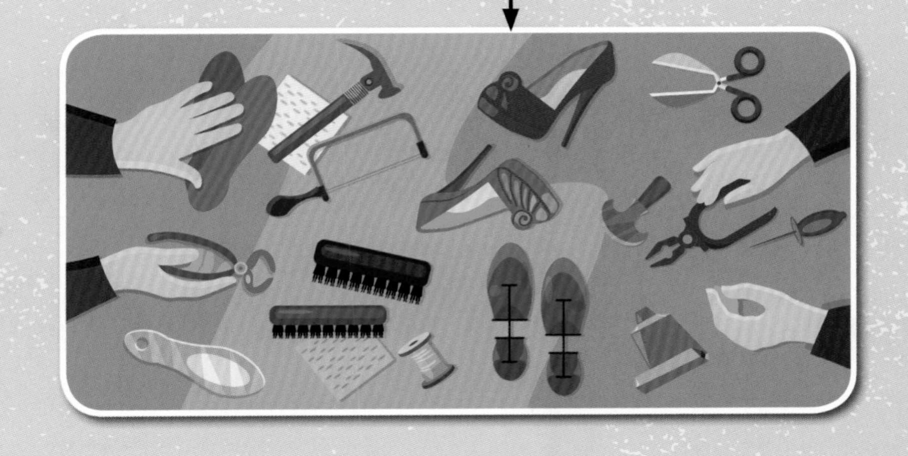

一辆亨利 · 福特“T”型汽车

流水线

在大规模制造的发展过程中，亨利 · 福特“T”型汽车的诞生是一个重要的里程碑。这是第一种利用流水线生产出来的汽车。在这条生产线上，每个工人都站在固定的地方完成特定的任务。而汽车本身则会沿着生产线移动，经过一个个步骤之后，最终被制作完成。这项技术使汽车制造的效率空前提高，工人们能在 10 秒钟内生产出一辆“T”型汽车。

现代化生产

现如今，许多商品都是按照类似的方式生产出来的。这些制造工厂中，很多工人的工资通常不高，所以，由他们生产加工的商品的劳动成本低廉，商品可以低价出售。人们的购买力得到了提升，购买的东西越来越多。

在工厂流水线上，一名工人正在组装电脑鼠标

解决它！减少过度消费

随着人们的购买需求日益增加，越来越多的原材料被投入物品生产当中，但很多原材料的供给是不可持续的，尽管我们购买的很多物品很有趣或者很实用。你能找到既能满足人们的实用需求，又能减少过度消费的方法吗？

事实一

2000 年，全世界共售出 24.41 亿张 CD。而 2015 年，全世界售出了 5.69 亿张 CD。越来越多的人选择在网上听音乐，购买 CD 的需求有所下降。

事实二

世界上有许多城市都实施了公共自行车租赁方案。人们可以在路边找到用于租赁的自行车，然后支付很少的费用就可以使用它。

事实三

有的国家已经成立了服装租赁公司。用户只需要每个月支付一定费用，公司就会让人把最时髦的衣服送到用户手中。在穿了几个星期之后，用户可以把服装还给服装租赁公司，继续租赁新的服装。

事实四

一种新的聚会方式——“交换派对”现在越来越流行了。一伙人聚集到一起，每人带来几件衣服、几本书或者几样家具，然后互相交换。每个人最后都能带着一些“崭新”的物品离开。

事实五

Freecycle 是一个于 2003 年推出的在线平台。在这个平台上面，人们可以展示自己不再需要的物品，免费送给需要的人，而不是直接把这些物品扔掉。

你能解决它吗？

在浏览了给出的所有事实之后，你能不能看出人们都是怎样在不造成过度消费的前提下，获得所需物品的？

- ▶ 这些事实都涉及的一个关键要素是什么？
- ▶ 这些事实是怎样以不同的方式实现了同样的目标？

想不出来？答案在第

试试看！建立一个二手交换网站

的衣服，也不要扔掉你不想玩的游戏机。你可以创建一个二手交换网站，把这些物品和你认识的人进行交换。在上网之前，要征得家长的同意。

你将会用到：

- 1台可以上网的电脑

第㈠步

上网找到一个网站生成器（也被称为“内容管理系统”）。有一些网站可以帮助你建立自己的网站，如 Wix、Weebly 或者 Squarespace。在使用之前记得查看价格，因为有些功能需要付费，甚至是按月收费的。Wix 不会收取月租费或者增加网站论坛的费用。

第㈡步

用电子邮箱注册一个账号。接下来，为你的网站选一个主题。主题就是网站的基本风格和布局，但是不要为选择一个完美的主题而烦恼，因为网站主题中的所有元素都是可以自定义的。

第㈢步

在网站上添加一个论坛。一般来说，你能在网站生成器的“应用”菜单中找到完成这个步骤的指导。

第四步

调整网站的整体设计和内容，更改颜色、图片、文本或者去掉主题模板上你不想要的功能。各个网站生成器的操作方式略有不同，所以，你可以点击菜单和不同的按钮，看看都可以实现什么功能。你还可以使用“帮助”功能了解如何对网站进行进一步修改。持续修改，直到它变成你喜欢的样子。

第五步

编辑论坛页面。将论坛分成两个部分，一个是“我想换出”，一个是“我想换入”。这样，人们就可以在你的网站上发布他们不再需要的物品，或者是他们想要的物品了。

第六步

当网站全部做好之后，点击“发布”，你的网站就会上线。把注册码发给你的朋友、同学，让他们都在你的网站上注册，然后你们就能交换各自的物品啦！

TIP

你也可以给网站设置密码，只有拥有密码的人才能访问你的网站，这样能使网站更加安全。你可以通过在“帮助”选项卡中搜索“密码保护”，了解如何设置网站密码。

问题：一次性时尚

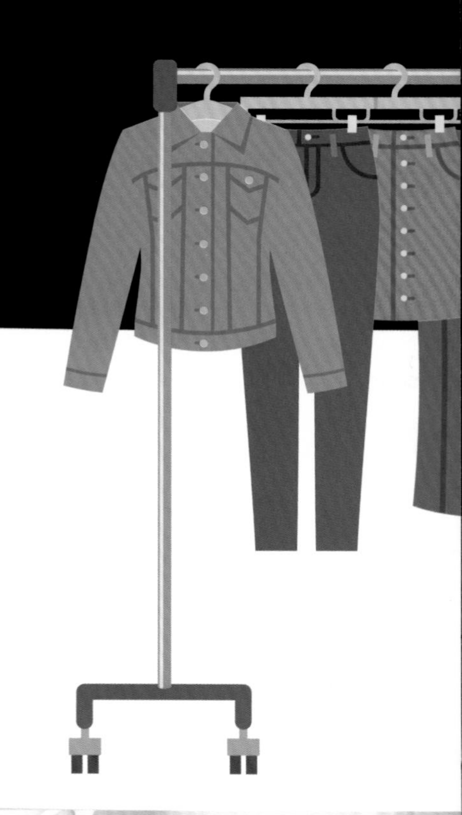

衣物不仅能给我们的身体保暖，还能展示我们的个性。对于许多人来说，穿上时髦、新潮的衣服会让他们感觉良好。但是现如今，一件衣服在被扔掉之前，真正能被人穿在身上的时间越来越少，而且，很少有衣服会被回收利用。

一次性衣物

在过去的 15 年间，世界上每年生产的服装数量增长了整整一倍，这主要是因为“快时尚”风潮的流行。人们会购买符合当下流行趋势的最新潮、最时尚的便宜衣物，在潮流过去之后，就把这些衣物丢弃掉。在所有的快时尚衣物中，大约有一半在不到一年的时间里就会被扔掉，而在被扔掉之前，这些衣服可能只穿了不到 10 次。

商业街上的商店出售 T 台时装的廉价版本，这些衣服是为零售而批量生产的

未经回收

在全球范围内，所有被丢弃的纺织品（布料或其他织物），只有不到 1% 被回收加工成新的服装，只有 12% 被回收用于其他用途，比如，制作毛毯或者隔热材料，剩余的大多数纺织品要么会被送往垃圾填埋场，要么会被焚烧。

每秒一辆

每一秒钟都有一辆装满废弃纺织品的垃圾车开往垃圾填埋场。每一秒钟，都有废弃的纺织品被焚烧。

塑料污染

世界纺织行业中最广泛使用的材料是涤纶（详见第 18 页）。这种材料实际上是一种塑料。它的生产成本很低，可以制作成很多不同材质的衣物，所以成了快时尚的理想选择。但是，当我们把用涤纶制成的衣物放入洗衣机中洗涤时，一些微型颗粒会从衣物上脱落，进入水中。这些微型颗粒十分微小，即便是污水处理厂也无法将其过滤掉，它们最终会流入海洋，并在海洋中形成塑料污染。

棉花冲击

世界纺织行业中第二大广泛使用的材料是棉花。与涤纶不同，棉花来自植物，是一种可再生材料。然而，大多数的棉花种植起来会对环境造成严重影响。全球只有 2.4% 的农田用于种植棉花，然而却使用了全球 24% 的杀虫剂。使用杀虫剂会对周围的生态系统造成很大的影响，也会损害农民的健康。同时，棉花还需要大量的水才能正常生长。在很多棉花种植区，当地的淡水资源因为种植棉花几乎被消耗殆尽。

在印度的马哈拉施特拉邦，灌溉系统正在给一片棉花田浇水

纺织品的制造

纺织品由纤维纺织而成。纤维是由天然或者合成（人造）材料制成的细线。大多数天然纤维，如棉花和亚麻，都很短。所以在加工过程中，一根根短短的天然纤维会被捻在一起，形成一根根长长的线。而涤纶等合成纤维原本就很长，它们大多数是将熔化的塑料拉伸成细丝而制成的。

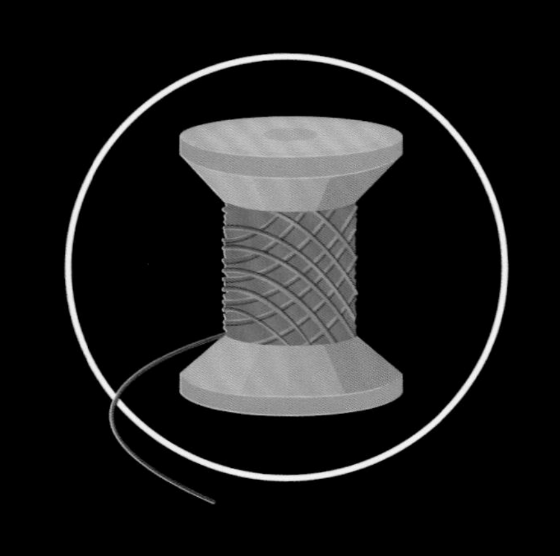

一个棉桃

天然纤维

从动植物身上提取出的天然纤维有很多种。棉桃是棉花的果实，成熟之后呈蓬松的云朵状。亚麻的纤维主要存在于茎干当中。羊毛则主要来自绵羊，还有一些动物，如羊驼，也产毛。

半合成纤维

溶解性纤维和黏胶纤维等又被称为“半合成纤维”。因为这些纤维的原材料是天然的——它们来自木材、竹子或大豆等植物。但与棉花和亚麻不同的是，这些纤维是经过人工加工而成的。人们将木头和竹子用化学物质溶解成浆状物，然后再让形成的浆液挤过微小的孔洞形成线束。这个过程与聚酯纤维等合成纤维的制造方式是相似的。

桉树浆能生产溶解性纤维

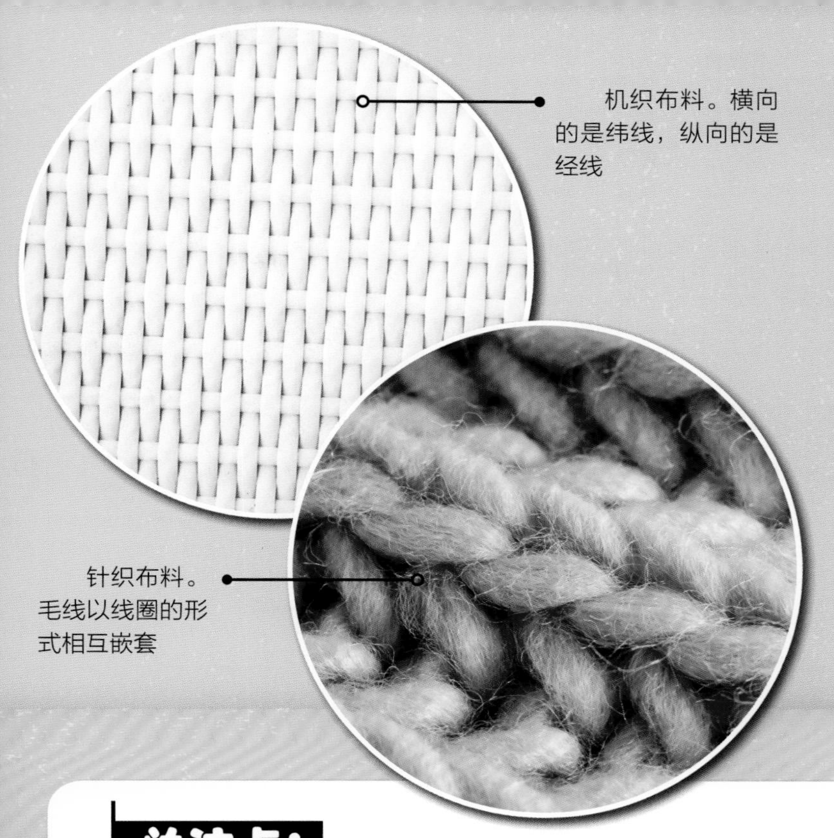

机织布料。横向的是纬线，纵向的是经线

针织布料。毛线以线圈的形式相互嵌套

制作纺织布料

用纤维制成的线通过机织或者针织被纺织成布料。机织将线纵横交错在一起织成布料，而针织则将线绕成线圈，再让线圈相互嵌套形成布料。机织、针织等不同的纺织方式会让织成的布料呈现出不同的质地和外观。

关注点：

有机纤维

有机纤维使用的原材料是在不使用化肥或有毒杀虫剂的条件下种植的。在生产有机纤维的过程中，使用的所有化学品都必须符合严格的无毒以及可生物降解的检测标准。用有机纤维制成的纺织品更加环保。

纺织品的品质

使用的纤维和编织方式不同，纺织品的质地也会有所不同。例如，机织棉布穿起来会让人感觉很凉爽、很柔软，但也很容易起皱。针织的毛线面料穿起来会很温暖，质地可柔软也可粗糙，不易起皱。要为一件衣服选择合适的面料，必须考虑各种纺织品的品质和特性。用厚实的羊毛织成一件夏季衬衫就很没意思了！

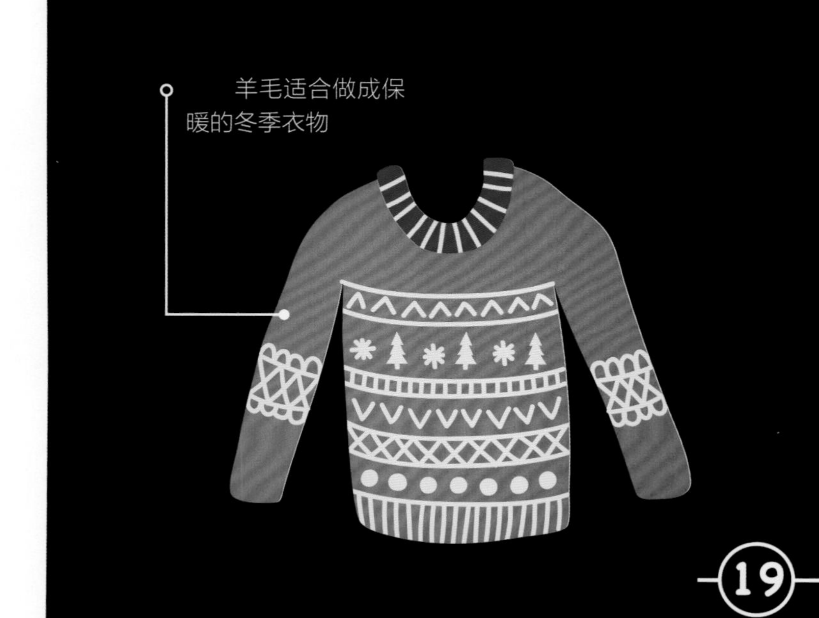

羊毛适合做成保暖的冬季衣物

解决它！可持续服装

我们现在对服装的消费和使用方式，正对环境产生着越来越严重的影响。我们可以改变自己购买和丢弃衣服的方式，减轻这种愈演愈烈的负面影响。看看下面的信息，你能想出我们应该怎么做吗？

事实一

大多数棉花都是在大量使用杀虫剂和其他化学药品的条件下种植的，但其实也有有机棉花可供选择。

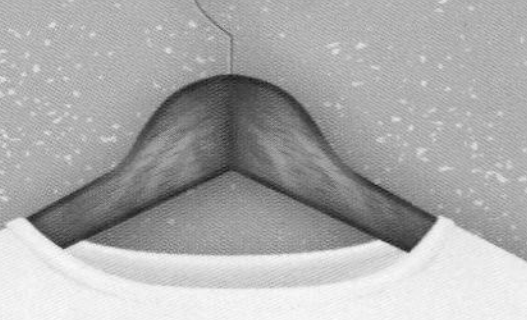

事实二

亚麻也是一种可以制成布料的植物。它的生长不像棉花一样需要大量的水。而且，亚麻种植起来相对容易，不需要使用杀虫剂和其他化学药品。

事实三

涤纶等人造纤维会在洗涤时掉落大量微型颗粒，这将污染我们的海洋。

事实四

延长衣服的平均使用寿命可以有效节约能源。但现在很少有人会缝补衣服，一旦衣服损坏，就会扔掉。

事实五

只要布料还可以继续使用，旧衣服就可以被改造升级（在不破坏原有纺织品的情况下改造成新的东西）或者回收（将材料进行分解，制成新的物品）。

事实六

棉花等天然纤维制成的纺织品无法回收时，可以用来堆肥。

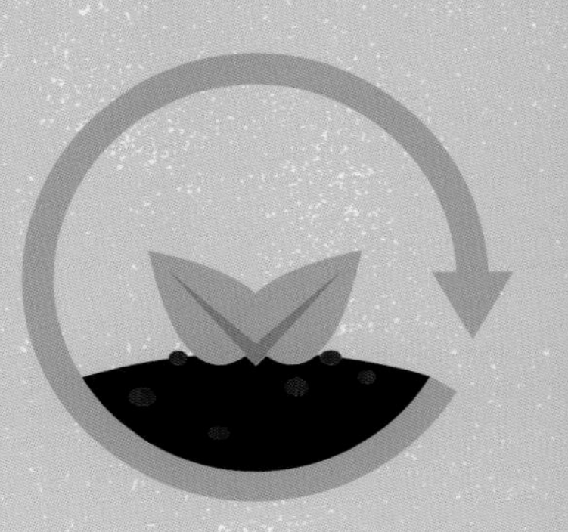

你能解决它吗？

现在你已经了解了一些关于服装和纺织品的信息，你会怎样建议人们减少因其服装选择而对环境造成的影响呢？设计一张简单的海报，告诉人们如何“选择”“使用”“处理”。你可以把这几个词当成海报的标题。在海报上，你还需要向人们解释：

- 购物时，应该选择用哪种纺织品制成的衣服。
- 人们应该怎样改变自己使用衣服的方式。
- 处理旧衣服最好的方式是什么。

还是不确定？翻到第43页找找灵感吧。

试试看！T 恤大改造

你的衣柜里是不是也有一件你很喜欢但是已经穿不了的旧 T 恤？别把它扔掉！你可以按照下面的步骤，在不用进行任何缝合的情况下，把这件旧 T 恤改造成一个抽绳健身包。

你将会用到：

- 1 件旧 T 恤
- 1 卷绳子或者结实的丝带
- 2 枚大的安全别针
- 1 把剪刀

安全提示：请在成年人的帮助下使用剪刀和别针。

第一步

把 T 恤翻到里面，放在一个水平台子上。将袖子的两端剪掉，让袖子的末端与 T 恤的衣身平行。

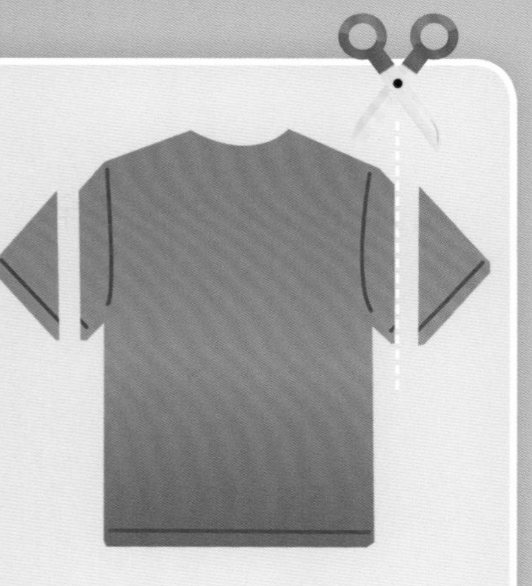

第二步

在袖子上每隔 2 厘米就剪一个口子，长度不要超过袖子的接缝，把袖子剪成布条。除了袖子之外，在 T 恤下摆上，也要每隔几厘米就剪一个长度为 4 厘米的口子。

第三步

沿着 T 恤的袖子和下摆，把每两根前后相对的布条绑在一起。这样，你就把 T 恤的袖子和底部都连起来了。

第四步

把 T 恤翻回外面，把所有系好的布条藏到里面。然后，在 T 恤领口两边各剪一个很小的口子，不要剪断领口和衣身的接缝。

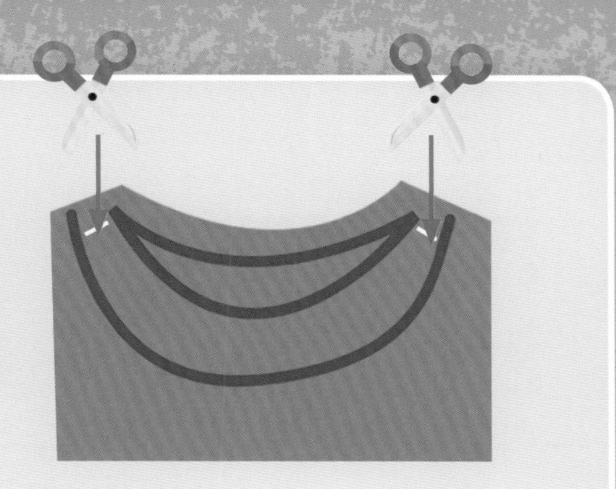

第五步

剪下两条绳子，每条绳子的长度大约相当于 T 恤衣长的 4 倍。把一枚安全别针固定在第一条绳子的一端，然后把它塞进 T 恤领口上的口子之中。让这条绳子完整地穿过 T 恤的整个领口，最后再把安全别针从同一个口子中穿出来。把绳子的两端调整成同样的长度。

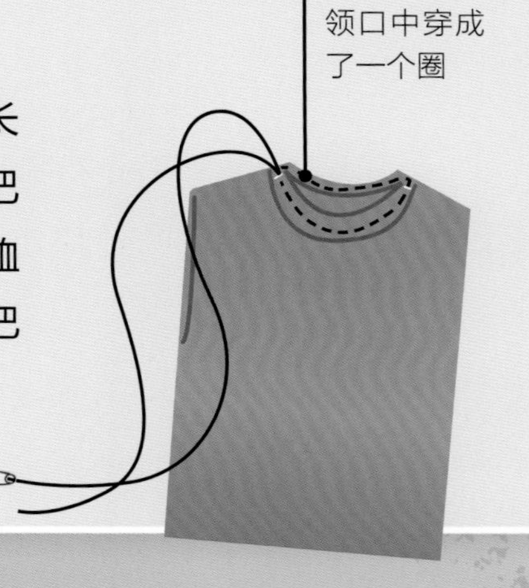

第六步

用第二条绳子重复上一步，只是这次要从领口上的另一个口子穿进去。完成这两步之后，你就成功地做好了这个小包的封口抽绳。

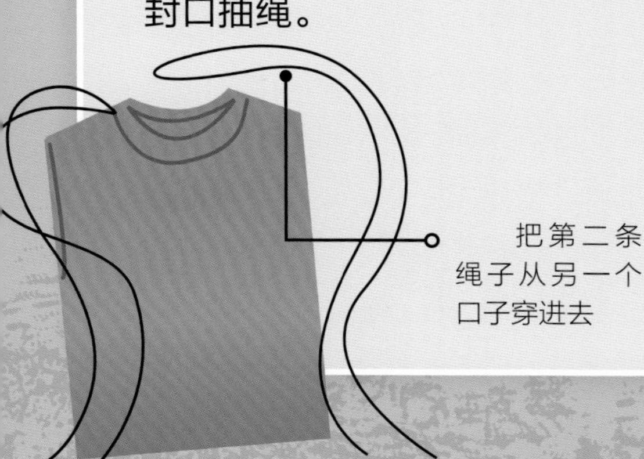

第七步

在抽绳的末端打个结。然后，再把抽绳用安全别针固定在袋子底部的两个角上。把多出来的绳子剪掉之后，你就做好一个抽绳健身包啦！

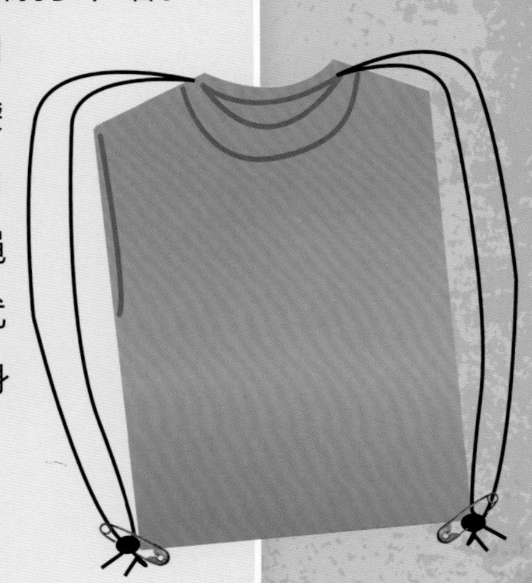

问题：

用纸问题

纸是人类伟大的发明——有了它，全世界的人能更好地阅读和写作。纸是让全世界的人能够沟通交流的重要材料。但是，我们使用了数量巨大的纸张，而且现在纸张的生产和使用方式都存在着很严重的问题。人类用纸给珍贵的天然森林和野生动物都带来了压力。

德国人均每年使用的纸张需要用 6.35 棵树才能造出。而印度人均每年使用由 0.23 棵树造出的纸张。

砍伐森林

大多数的纸张是由木材制成的。尽管树木是一种可再生资源，但不是每一棵树都能够很快再生。森林包含着众多丰富而重要的生态系统，许多生长缓慢的树木为其他生物提供了重要的栖息地。但在一些国家，热带雨林正在遭到砍伐，取而代之的是不能支持丰富生态系统的人造速生林。

这是美国佛罗里达州的一家造纸厂。2015 年，美国造纸业释放了大量的空气污染物和污水

资源消耗与污染

将原木转化成纸张需要耗费大量的资源。木料的砍伐和运输、造纸机的运转都需要消耗大量的能源。造纸过程中，因为木材中的纤维需要与水混合才能制成纸浆，所以需要消耗很多水（参阅第 26 页）。而且，如果纸张需要被漂白，还需要使用大量的化学药品，这些化学药品如果没有经过恰当的处理，就会随着污水被排入水道或河流，造成水污染。

再生纸产生的水污染比原木纸产生的水污染少 35%，空气污染少 47%。

印刷浪费

纸张通常都很便宜，所以经常会被人们浪费。一项研究表明，在办公室的打印纸张中，有近 45% 在一天之内就会被扔进垃圾桶或碎纸机。在世界各地，每年有一万亿张纸的寿命不到一天。垃圾广告和小传单是纸张浪费的另一种重要形式。在美国，每年大概会产生 900 亿份垃圾广告。如果把这些广告连在一起，长度相当于地球与月球距离的一半！

纸张的制造

和纺织品一样，纸张也是由纤维制成的。只是，构成纸张的纤维不是通过机织或者针织结合在一起，而是通过挤压黏合在一起的。如果你撕开一张白纸或者卡纸，仔细观察，就会发现在纸张破损的边缘，会有凸出的纤维，看起来很柔软甚至十分蓬松。

制作纸浆

造纸的第一个步骤就是制作纸浆。这个步骤可以由机器完成，也可以使用化学药品来完成。用机器将木材绞碎，然后把它们与水混合，形成粥状纸浆。化学方法则是利用强力化学药品，在加热的条件下，将木材溶解成纸浆，然后再往纸浆中添加染料和其他化学药品，以改变成品纸张的外观或者质地。

纸浆

把纸卷起来

使用另一种机器可以把纸浆变成纸。首先，把纸浆铺洒在由铁丝网制成的传送带上。通过传送带的摇晃抖动和集中通风，纸浆会脱去大量的水分，变成一块潮湿的纤维垫子。接下来，利用一系列滚筒对初步脱水后的纸浆进行挤压，挤出其中剩余的水分，将纸浆压成大片大片均匀平整的纸张，再一层层卷到卷轴上，进行储存。

机器正在往卷轴上卷纸

回收用纸

回收到工厂的纸张会被分成不同的等级和类型。这些纸张会被送到溶解质中进行清洗，洗掉上面的墨水以及其他不需要的材料，如塑料封膜、订书钉和胶水等。清洗完的纸张会被重新捣碎，变成纸浆，而纸浆又可以再次被制成新的纸张。

回收厂的工人正在分拣纸张

多次回收会让纸张中的纤维不断变小，因此，一张纸最多只能被回收 5 次。

使用其他材料

大多数纸张是由木材制成的。这是因为，如果按照每公顷植物所含的纤维含量来衡量的话，木材当中含有的纤维无疑是最多的。但其实，其他的植物材料也可以用来造纸。世界各地的造纸商使用不同的材料进行了各种积极的尝试。他们使用的材料包括玉米秆和豆藤等农业废弃物、果汁厂丢弃的橙皮，甚至还有动物粪便！

各种天然植物都可以用来造纸，你甚至可以剪下一把小草试试

解决它！环保纸张

从原材料的种植和加工到使用和处理，我们可以在纸张生产的各个环节对全球造纸业做出改进。那我们应该做些什么，才能尽可能减小造纸业对环境造成的影响呢？

事实一

大多数纸张是由木材制成的。在这些木材中，有一部分来自管理良好的天然林，但另一部分实际上来自热带雨林遭到砍伐之后的人工林。

事实二

其他材料也可以用来造纸，比如，农作物的秸秆。

事实三

造纸要用大量的水。这些水在用完之后通常会被直接排入造纸厂所在地的河流和水道当中，但其实这些水是可以被净化和重复利用的。

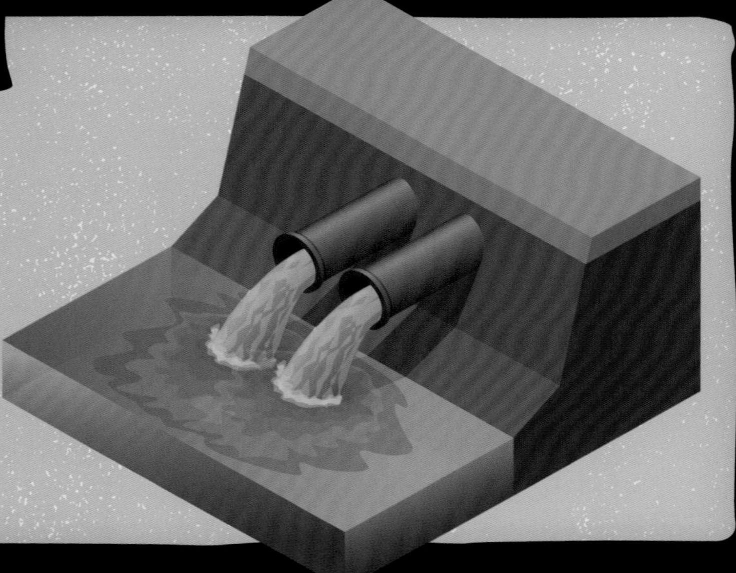

事实四

纸张确实可以重复回收利用，但是，一张纸的回收次数是有限的。并且，回收重造纸张的过程也需要消耗大量的能源。重复用纸和减少不必要的用纸有利于节约能源。

事实五

废纸如果被送到垃圾填埋场，会产生一种强大的温室气体——甲烷。但别忘了，有的纸张是由植物纤维制成的，所以它们还可以用来堆肥。

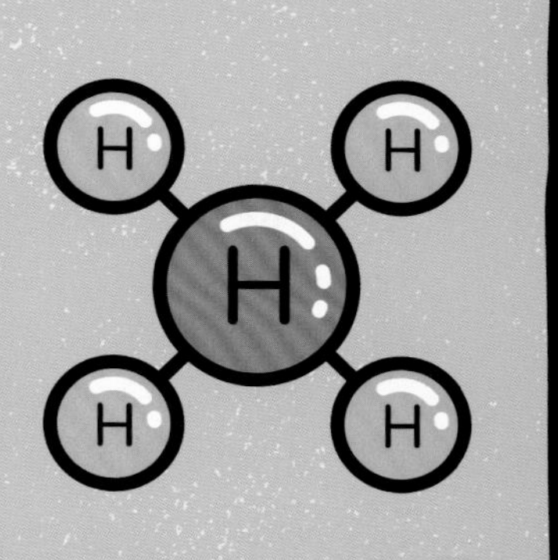

你能解决它吗？

仔细阅读以上列出的事实，结合你知道的关于造纸的知识，想想我们怎样才能使造纸和用纸的过程变得更加环保。画一张流程图，标明环保的造纸、用纸和废纸处理的方法。要在流程图上完成以下任务：

- 画出每一个步骤。
- 对图画进行标注，比如，解释一下人们应该怎样合理用纸。
- 把图画用箭头连接起来。

还需要帮助？翻到第 44 页，看一个示例吧。

试试看！自制纸张

通过这个小实验，尝试自己制作手工再生纸。这不仅是一种有趣的回收废纸的方式，也是手工制作或者自制贺卡的好办法。

你将会用到：

- 1 个大碗
- 废纸（大约 5 张）
- 温水
- 1 台搅拌机
- 1 把剪刀
- 1 个木制相框（没有玻璃）
- 优质尼龙滤网（五金商店或者园艺商店有售）
- 1 个订书机
- 1 个大盆（比相框大）
- 几条毛巾
- 1 个熨斗

安全提示：请在成年人的帮助下使用工具。

第一步

把废纸分成几厘米见方的小纸片，然后把碎纸片放进碗里，用温水浸泡一小时左右。

第二步

在浸泡碎纸片的同时，制作模具。按照相框的大小，在尼龙滤网上剪下方形的一块，然后用订书机把滤网固定在相框上。

第㊂步

把泡好的碎纸片和水一起倒入搅拌机。低速搅拌，直到搅拌均匀为止。（这一步要请家长帮忙）

第㊃步

在盆里装上水，深度有几厘米就可以。把搅拌好的混合物倒进水中，搅拌均匀，制成纸浆。做好的纸浆看起来应该像浓汤一样。

第㊄步

把之前做好的模具浸入纸浆中，然后在纸浆中晃动模具，让纸浆均匀地挂在尼龙滤网上。接下来，把模具拿出来，放在大盆的边上，将水沥干。几分钟之后，再用干毛巾轻轻吸走剩下的水分。

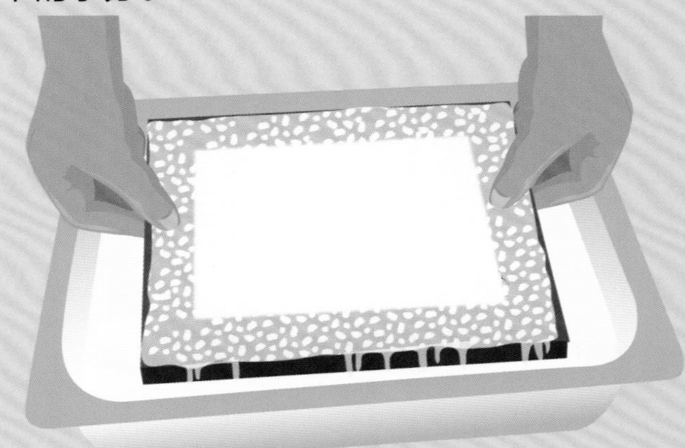

第㊅步

把模具翻转过来，放在另一条干毛巾上。轻轻拿起模具，如果纸浆没有脱落下来，就用手从滤网边缘把它轻轻剥下来。如果它还是太湿的话，就把它静置在毛巾上多晾一会儿。

第㊆步

用另一条毛巾把纸盖上，把纸片夹在两条毛巾中间，然后请家长把它熨烫一下，使纸片变得更加平整。把熨完的纸片放在干燥的地方晾晒几天。当它干透时，你就做好一张再生纸啦！

废弃的电子产品

你家里有多少电子产品？像手机、平板电脑、笔记本电脑、电视机、游戏机、数码相机等等，都算电子产品。每件电子产品在你家里待了多长时间呢？有很多人也许每年都会换手机或者换其他电子产品，这种消费模式造成了巨大的浪费。

贵金属

一部普通的智能手机中可能含有多达 62 种不同的金属，包括金、铜和极难开采的稀土金属。这些金属来自世界各地，对它们的开采和加工都是污染极其严重的工程。加工 1 吨稀土金属大约会产生 2000 吨有毒的废弃物，同时，稀土金属的原矿石通常含有放射性物质。

开采金属矿石产生的有毒化学物质往往会被排放到周边的河流之中，图中是罗马尼亚的一座铜矿所造成的污染

不可持续的使用方式

在全球范围内，只有约 20% 的废旧电子产品（也就是电子垃圾）能被回收利用。对于那些未被回收的电子垃圾而言，所有用来生产它们的资源，包括开采和加工都十分不容易的稀土金属，就这么被浪费了。

2016年，全球产生了4470万吨电子垃圾，相当于

4500座

埃菲尔铁塔的重量。

不太环保

即便是电子产品得到了回收，但回收的方式也不太环保。回收工厂里的工人会把电子产品拆开，从中取出有价值的零件。在这个过程中，工人们可能会使用危险的化学品，或者直接将电子产品进行焚烧，而这些回收方式都会释放出有毒的物质。在拆除完有用的零件之后，这些废弃电子产品的其余部分（如塑料外壳）还是会被丢弃。

成堆的电子显示器外壳

注定要换

智能手机的电池往往在几年之后就不能正常工作了，而且，它们的屏幕和按钮也很容易坏。可是，修一台手机的成本往往比换一台新手机的费用还要高。更重要的是，许多机型的组装方式使其内部损坏的零件根本无法更换，而电子设备生产公司也会在一定的周期之内停止对旧机型的软件进行维护和升级。以上种种因素都让消费者别无选择，只能重新购买一台全新的设备，而旧的就只能被扔掉了。

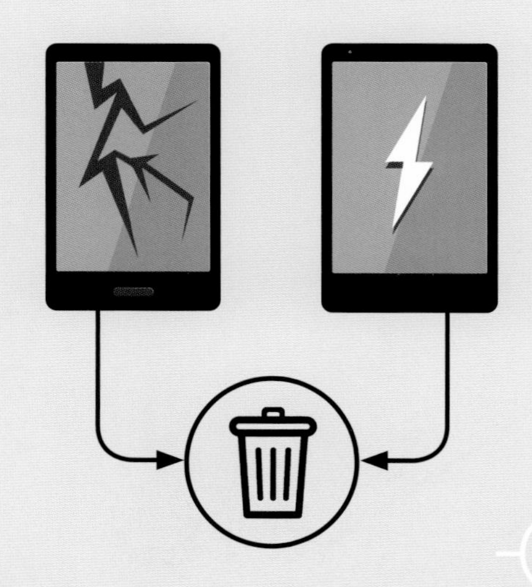

在回收利用之外

我们已经对“回收利用”这个概念很熟悉了：旧的物品被收集起来，然后送往工厂，变成全新的东西。但是，从一个旧物件上拆解出不同的材料，然后再将这些材料加工成新的产品，仍然是一个需要消耗能源的过程。所以，在我们以标准的方式回收电子产品之前，还可以做更多的事情。

频繁地更新电子设备不如继续好好使用现有的设备

R 重复使用

如果想要减少电子产品对环境造成的负面影响，我们能做的第一件事就是延长它们的使用寿命。与其每年都买一部新手机，不如继续使用你现在已有的手机。你也可以把旧手机送给朋友或转卖给二手经销商，这样，别人就可以继续使用这部手机了。而电子产品设计师也应该把产品尽可能设计得经久耐用，来帮助消费者延长产品的使用寿命。

R 翻新

对于产品设计者和制造商而言，保证旧型号的电子产品后续可以得到维修和升级，就能大大促进电子产品环保化。比如，一些智能手机的设计允许消费者更换屏幕、电池或者其他硬件，这样消费者就不必更换整部手机了。

维修人员正在更换一部智能手机的电池

R 拆解

除了翻新之外，还有一个能够有效利用废弃电子产品的方法——拆解。这个方法是先将废弃的电子产品送回工厂。在工厂中，废弃的电子产品被拆分成零件，然后将可以继续使用的旧零件和新零件搭配在一起做成新的产品。这样，那些可以继续使用的零件就能在新的电子产品中继续发挥自己的作用，获得了第二次生命，而不是直接和那些已经破损的旧零件一起被扔掉。

R 回收

最后一个环节是回收。在这个过程中，废弃的电子产品会被拆解分类成纯粹的材料，如塑料、玻璃、金属等等。然后，这些材料可以用来加工成全新的产品。要实现废弃的电子产品的 100% 回收再利用，需要人们在设计之初就考虑到回收时各种材料的分离难易程度。

经过分类回收的金属

关注点：

循环经济

还记得第 6 页提到的线性系统吗？另一种能够取而代之的循环系统被称为“循环经济”。在循环经济中，原材料在被制造成产品之后，不会只经过短暂的使用就被丢弃掉，而是会被尽可能长久地利用，并且尽可能地回收。这个过程浪费的东西会变少，所需的原材料数量会更少。

解决它！更好的系统

一个涵盖重复使用、翻新、拆解和回收的循环系统比现行的线性系统要环保得多。下图是手机的循环系统示意图，你能把左边的标签和图片中的环节配对吗？标签中既有表示地点的，也有表示行动的。

1. 消费者（手机用户）
2. 手机专卖店（销售和维修）
3. 工厂（制造）
4. 回收中心（材料回收）
5. 重复使用
6. 翻新
7. 拆解
8. 回收

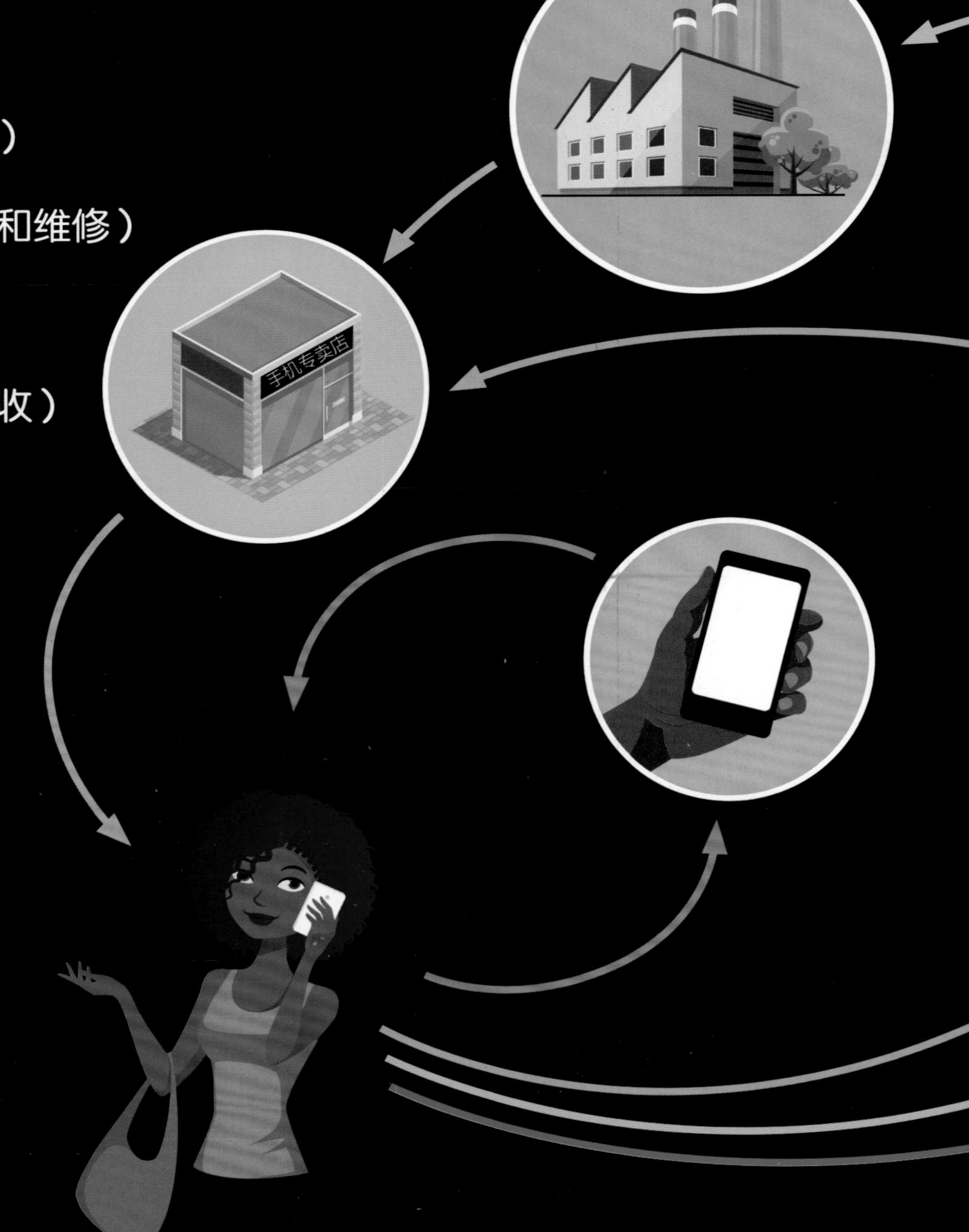

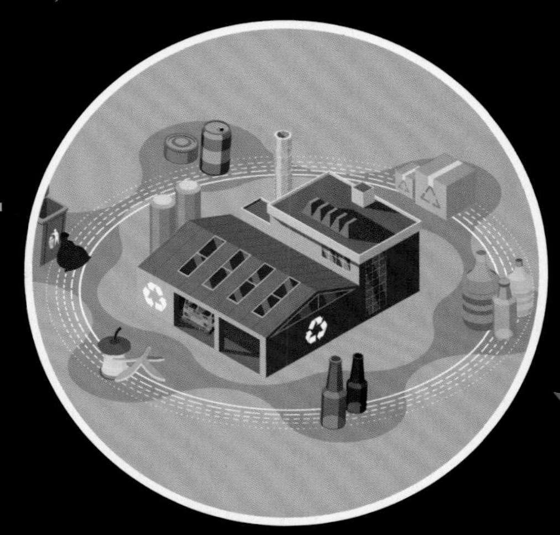

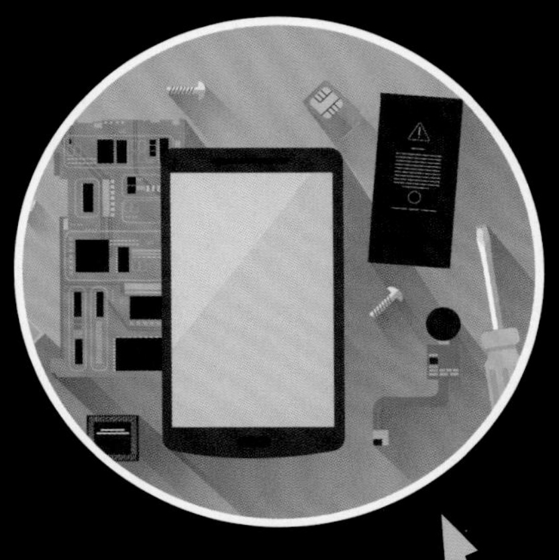

你能解决它吗？

仔细观察图片中的各个环节，然后再阅读左侧标签中的文字。你能想出：

- 什么环节应该对应什么标签吗？
- 为什么有的闭环比其他的小？

感觉糊涂了？翻到第 45 页看看答案吧。

试试看！做一个闭合电路

器的电源线的话，请不要把它们扔掉，电水壶、电灯或者电熨斗等电器的电源线都可以通过下面这个小实验被重新改造。

你将会用到：

- 从废弃的电器上剪下至少 50 厘米长的电源线，并且将插头也剪断（请家长帮忙完成这一步）
- 1 把剥线钳或其他的钳子
- 1 个小蜂鸣器（可以从电器商店买到）
- 1 块 9 伏电池
- 1 卷绝缘胶带
- 1 块 40 厘米 ×10 厘米的硬纸板
- 1 支铅笔

第一步

请家长帮你把电源线外面的橡胶保护层剥下来，可以使用剥线钳完成这一步。首先，用剥线钳轻轻切开电源线的橡胶层，然后夹住绳子上的橡胶保护层轻轻旋转，直到把它拧断。一定要保证内部的电线是完好无损的。切一段就剥一段，一次剥几厘米是最省力的。

在剥好的电线当中，你会发现 2 ~ 3 根较细的绝缘铜线。剪下两根长 50 厘米的绝缘铜线，请家长把绝缘铜线上的橡胶保护层也剥掉一些。在第一根绝缘铜线的一端剥掉 6 厘米长的橡胶保护层，另一端剥掉 2 厘米长（就像第 39 页上的那根绿线一样）。在第二根绝缘铜线的一端保留 10 厘米长的橡胶保护层，然后把剩下所有的橡胶保护层全部剥下来（请参照第 39 页上的蓝线）。

第㊂步

将准备好的硬纸板的两端各折叠 10 厘米，然后让它们和底边保持垂直（如图所示）。用铅笔在竖直的两端各戳一个小洞。

第㊃步

拿出第二步中剥好的第一根线，把剥离出来的 6 厘米长的绝缘铜线弯成一个闭合的圆圈。然后将第二根绝缘铜线穿过这个圆圈。

第㊄步

把第二根绝缘铜线上还留有橡胶保护层的那一端从硬纸板框架左边的小洞里穿出来，在框架内部保留 2 厘米长，其余的都穿到框架外面（如下图所示）。接下来，把中间那段长长的绝缘铜线弯成“之”字形，把另一端从硬纸板框架右边的小洞里穿出。

第㊅步

把“之”字形绝缘铜线的另一端用绝缘胶带固定在电池的负极上。把蜂鸣器上的红色导线用绝缘胶带固定在电池的正极上。然后，把蜂鸣器的黑色导线和第一根绝缘铜线被剥掉 2 厘米长橡胶保护层的一端拧在一起。这样，一个闭合电路就做好了。

第㊆步

现在游戏正式开始。你能不能在不让蜂鸣器发出声音的前提下，把第一根绝缘铜线的线圈穿过另一根“之”字形的绝缘铜线呢?

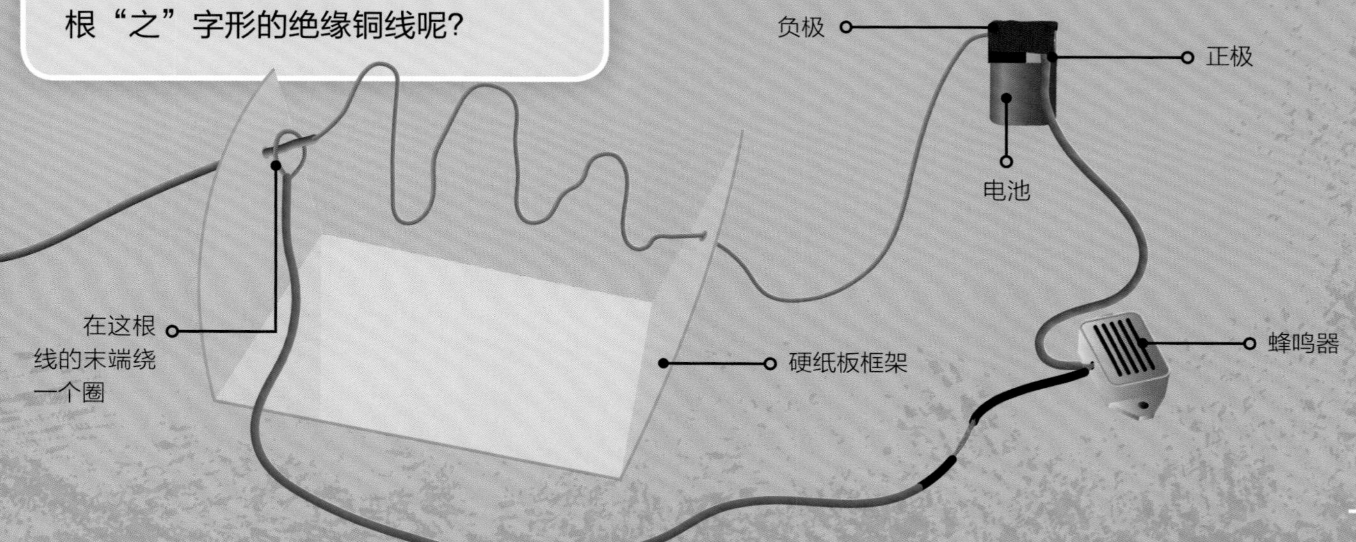

未来的商品

现在有很多企业和个人都已经意识到了过度消费的问题，并且正在切实地改变自己的消费行为，以便尽可能地减少对环境造成的负面影响。下面是一些改变的方向。

极简主义

虽然各种研究都表明，人们在基本需求已经得到满足的情况下，买更多的东西并不会让他们感到更加快乐，但总有一些闪闪发光的新商品不断吸引着人们前去购买，永无止境，这就会形成一个恶性循环。有一些人拒绝了这个“越来越多”的循环，开始奉行“极简主义”——只购买少量的商品，然后把注意力放在生活中最重要的事物上。

和伙伴们一起享受阳光和彼此的陪伴——所有这些都是免费的

“不再拥有”

在未来，也许我们会对“物品属于自己”这个概念有全新的认知。与其直接购买一台冰箱或者大件家具等物品，然后在短暂的使用之后就不得不把它们处理掉，不如通过租赁的方式使用这些物品。就像是我们订阅音乐和电影一样，在支付了订阅费用之后，我们就可以自由地在网站上聆听自己喜欢的音乐，观看自己喜欢的电影。而我们在向商店支付了租赁费之后，就能获得一些物品的使用权。当我们想要更换一个更好的物品或者处理掉破损的老旧物品时，我们就可以把老旧的物品退回商店，然后商店可以给你提供一个新款商品并且将老旧物品的零件拆卸下来，以便进行重新制造。

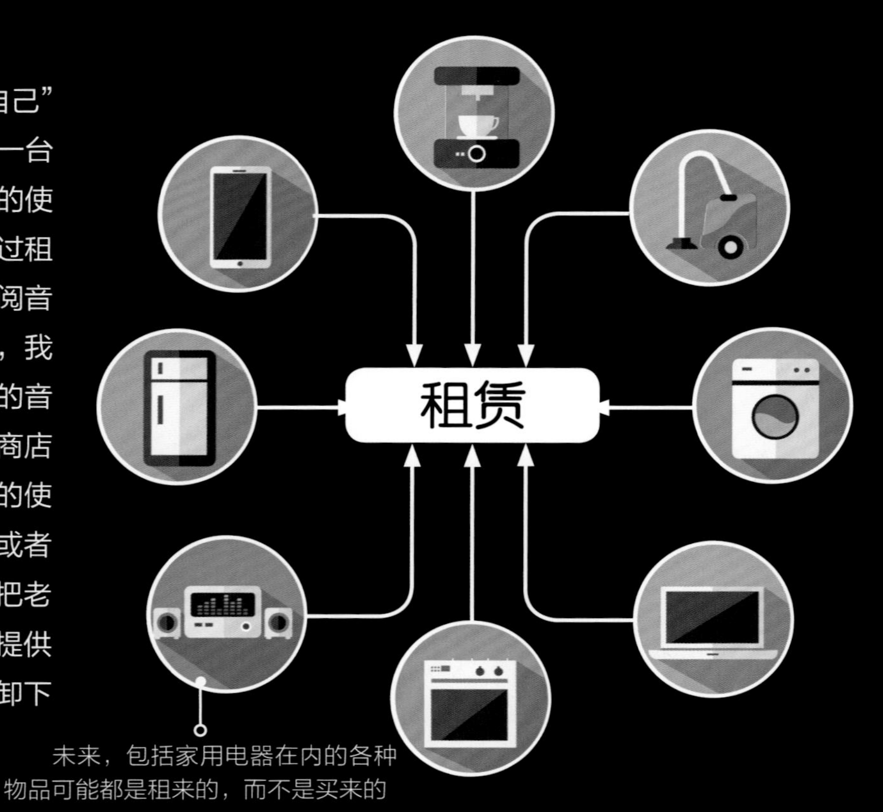

未来，包括家用电器在内的各种物品可能都是租来的，而不是买来的

循环系统

在一个完美的循环系统中几乎不存在浪费。所有在现行体系中会被看作废物的东西，其实都还可以用来制造其他的物品。不同的东西可以用不同的方式连接在一起，比如，来自养鱼场的鱼粪可以用来给果蔬种植场的植物施肥，而食品加工厂在对水果和蔬菜进行加工的时候产生的食品垃圾（如蔬菜叶和果核等），可以拿去喂鱼。这样就形成了一个有机的循环系统。

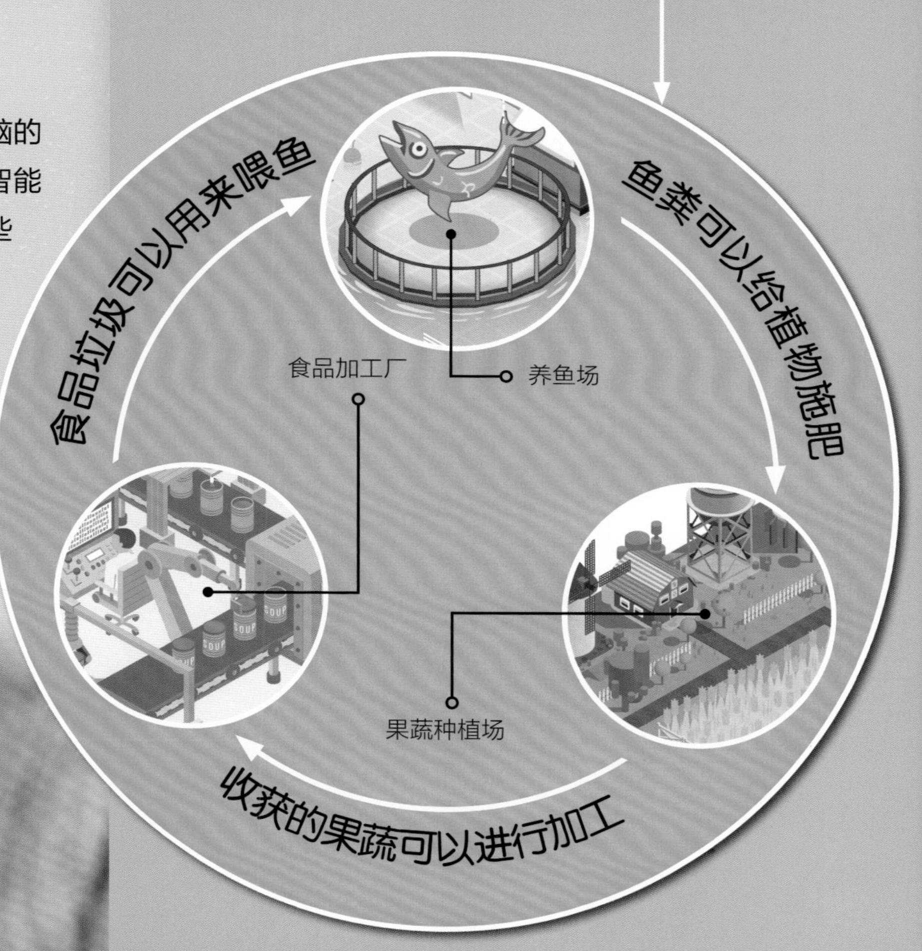

智能设备

如果我们在使用智能手机和平板电脑的时候不快速地将它们更新换代，对这些智能产品的使用实际上是一件好事。因为这些设备都可以承担多功能任务。例如一部智能手机可以代替纸质书、地图、记事本、计算器、音乐播放器、收音机、电话、相机等等。而在未来，我们的技术可能会让这些智能设备拥有更多的功能，从而进一步减少人类对其他原材料、水等能源的使用。

关注点：

仿生

仿生就是模仿自然界运转的方式。在自然界当中是不存在垃圾和废物的，也没有什么东西会被浪费，因为所有物质都可能成为生物的食物。而循环系统就是一种模仿了自然界运转的流程设计。

答案

解决它！ 减少过度消费 第 12 ~13 页

你找到几个事实的共同之处了吗？答案就是，所有事实都可以让人们在不用购买新物品的前提下，获得或享用“新”物品。事实中包含了以下几种既能满足人们的实用需求，又能减少过度消费的方法。

数码或虚拟商品

流媒体线上电影或者音乐不需要依托 DVD 或者 CD 等实体物品就可以被人们消费，不仅节省了原材料，也无须经过运输，节约了大量的能源。但是，如果人们总是定期更换自己的电子设备，就仍然会对环境产生负面影响。

用租赁替代购买

以租借自行车和衣物为例，其实很多人可以共享同一件物品，所以我们其实并不需要生产那么多件相同的商品。如果有 15 个不同的人在一天的时间内都租用了同一辆自行车，而不是每个人都购买一辆只属于自己的自行车的话，那么自行车的需求量就会大幅减少，原材料和能源也就能得到节约。

交换和赠送

和朋友们交换物品或者把不再需要的物品发布到网上与其他地区的网友共享，都可以在不购买新物品的情况下，让大家获得自己所需的物品。

解决它！ 可持续服装 第 20~21 页

我们是服装的消费者和使用者，所以，我们可以支持可持续发展的服装制造商，也可以尽可能地延长自己服装的使用寿命，并对其进行负责任的后续处置。只要有更多的人愿意在购买服装时进行理性的思考并做出明智的选择，我们的环境就会变得越来越好。

下图是海报的一种设计样式，你也可以按照自己的想法做出其他的设计。

如何减少购买服装对环境造成的影响

选择 ▶ 购买用棉、麻等环保面料制作的衣服，尽量减少购买涤纶制成的衣服。

使用 ▶ 尽量延长衣服的使用寿命。当衣服破损或者上面的纽扣丢失时，尽量缝补破口或者缝上新的纽扣，而不是直接把衣服丢掉。

处理 ▶ 把不想要的衣服送到慈善机构或者衣物回收中心，让衣服可以被其他人继续使用或者送去做成新的衣服，甚至是拿去做堆肥。

也许你更愿意在海报上画更多的插图，或者加入更多的数据和事实。无论创作出了怎样的作品，你都要让更多的人看到。

答案

解决它! **环保纸张 第 28～29 页**

和服装行业一样，想要减少造纸业对环境造成的负面影响，也可以从每个环节入手。从原材料的收集到制造加工，再到人们的使用和处置，每一个环节都值得重新思考。下面这张流程图向我们展示了如何环保地制造和使用纸张。

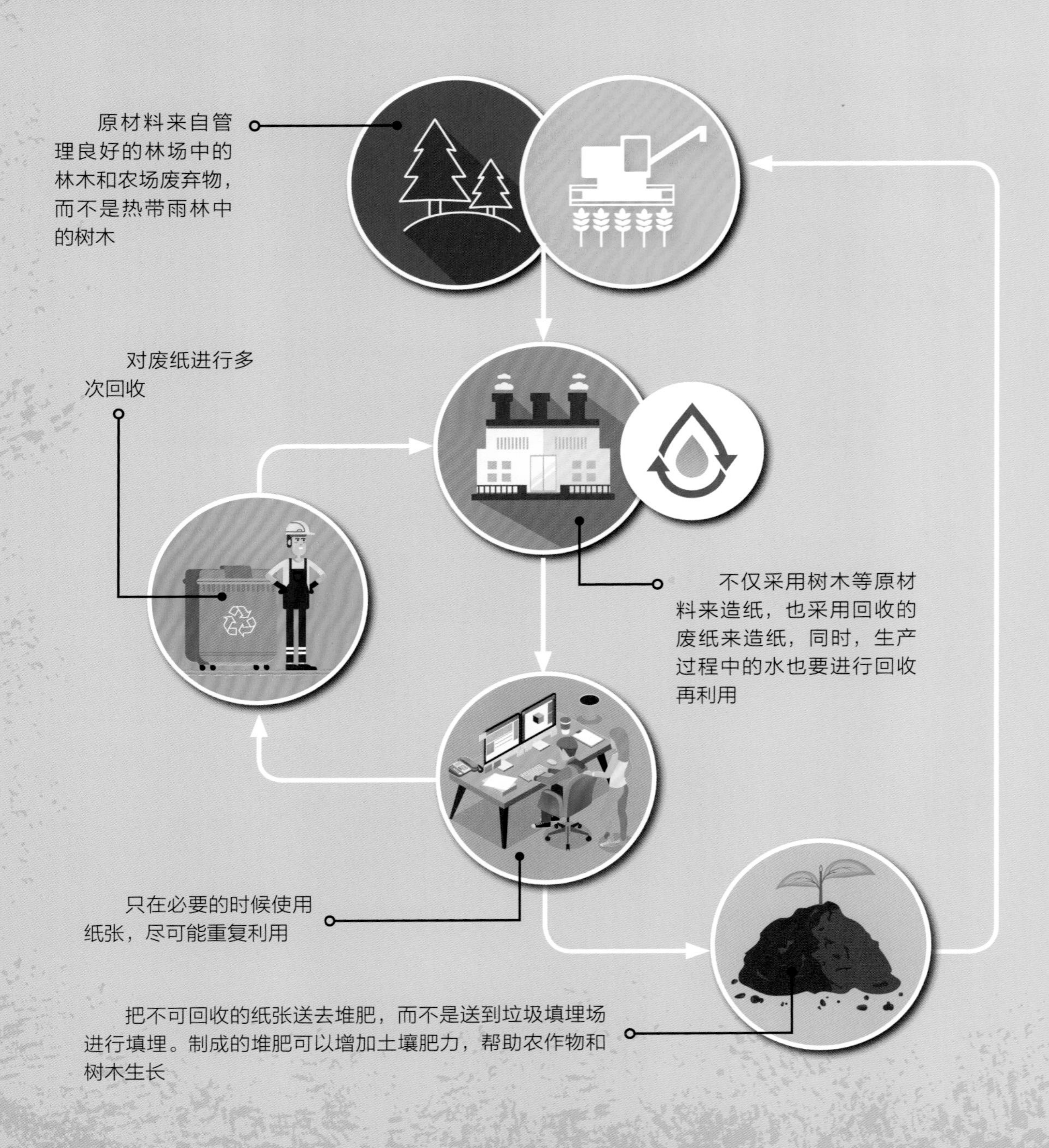

解决它！ 更好的系统 第 36~37 页

在这个循环系统中，圆越小表示所需要的能源越少。比如，重复使用一部旧手机或者购买一部二手手机只需要很少的能源，甚至几乎不需要能源。翻新和二次利用需要的能源会多一些，而回收材料再重新制作所需要的能源最多，所以，这个圈也就最大。除了需要能源之外，更重要的是，在循环系统中，每个环节都不会产生浪费。

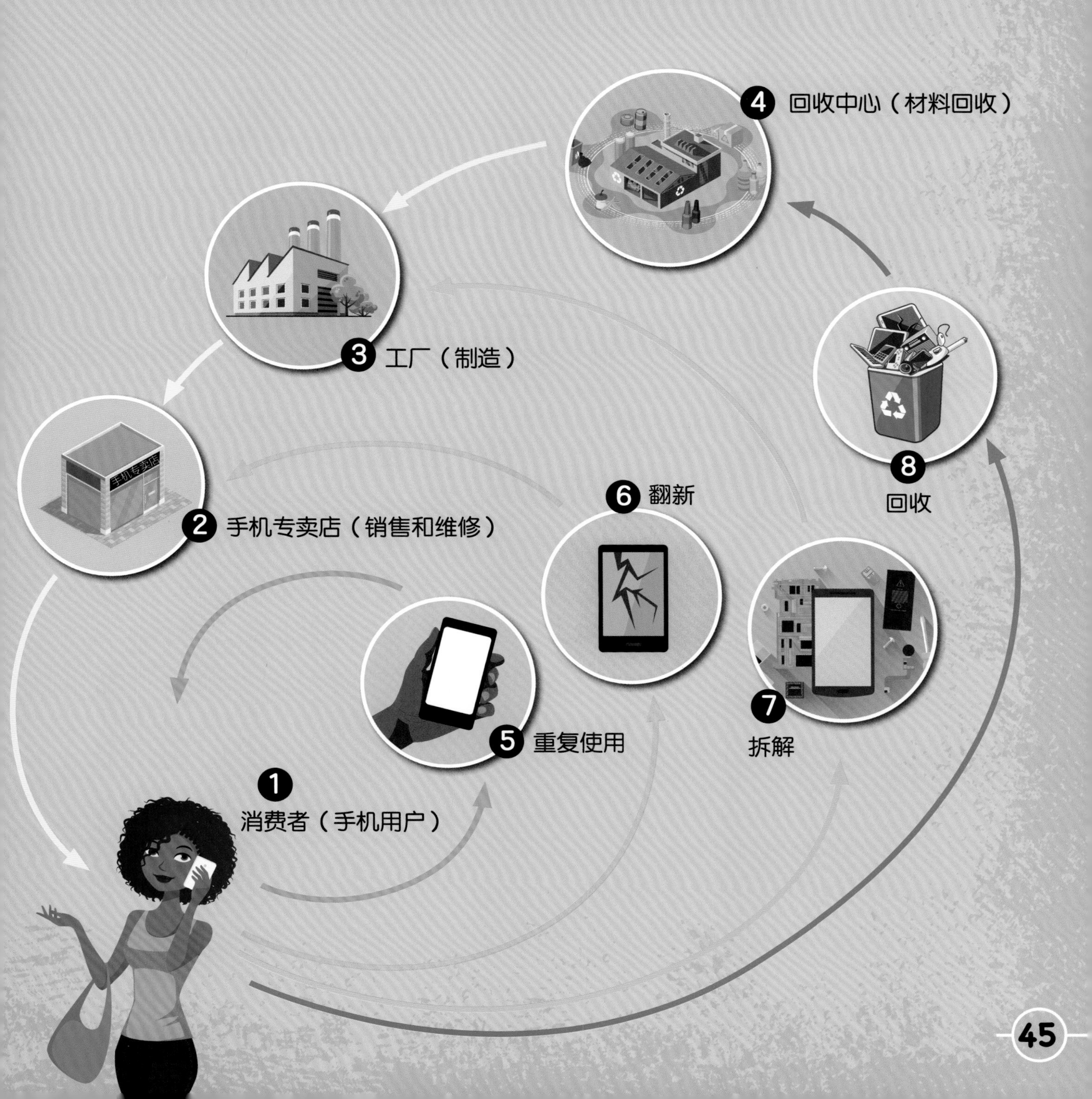

你能做什么

这本书中的各种小活动应该可以带给你一些关于如何减少浪费和消耗资源的想法了。下面还有一些行动指南可以帮助你做出更多贡献。

购买二手物品

在慈善商店或者闲鱼等网上购物平台购买二手物品。在慈善商店购物有两重好处，这不仅是一种环保行动，还可以支持公益事业。当你自己也有不再需要的东西时，你也可以把它捐给慈善商店。

买质不买量

如果你确实需要购买一件新的物品，而且还是一件可能伴随你很久，在你长大之后你也会继续使用的物品，那请购买一件质量上乘、经久耐用的。而那些大批量生产的廉价物品会在一段时间的使用后坏掉，让你不得不去更换它，这不仅对环境有害，从长久来看，购买这样的东西其实会增加开销，浪费金钱。

制作替代购买

与其把逛街买衣服当成一种娱乐活动，不如自己动手做一件。缝纫是一项很棒的技能，学会了它，你不仅能为自己做出一件独特的衣服，而且还能在自己最喜欢的衣服破损的时候补好它。

保护环境，
从我做起。

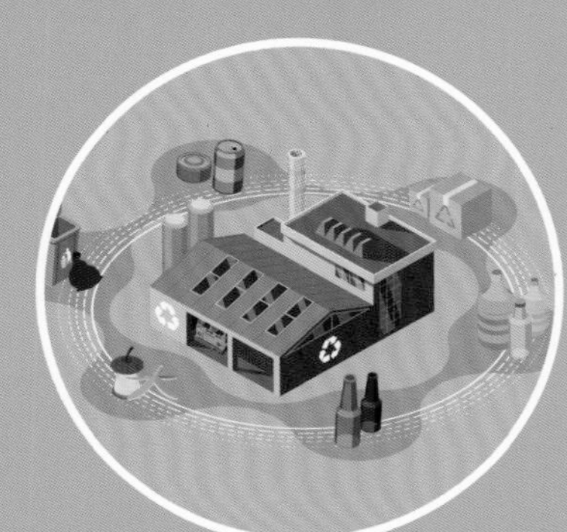